原來驚奇是這樣

遇上沒想到的事情只能嚇一跳嗎？

神奇的情緒工廠 ⑥

段張取藝 著·繪

【神奇的情緒工廠 6】

原來驚奇是這樣：遇上沒想到的事情只能嚇一跳嗎？

作　　　者　段張取藝
繪　　　者　段張取藝
特 約 編 輯　劉握瑜
美 術 設 計　呂德芬
內 頁 構 成　簡至成
行 銷 企 劃　劉旂佑
行 銷 統 籌　駱漢琦
業 務 發 行　邱紹溢
營 運 顧 問　郭其彬
童 書 顧 問　張文婷
第 四 編 輯 室
副 總 編 輯　張貝雯
出　　　版　小漫遊文化／漫遊者文化事業股份有限公司
地　　　址　台北市103大同區重慶北路二段88號2樓之6
電　　　話　(02) 2715-2022
傳　　　真　(02) 2715-2021
服 務 信 箱　runningkids@azothbooks.com
網 路 書 店　www.azothbooks.com
臉　　　書　www.facebook.com/azothbooks.read
服 務 平 台　大雁文化事業股份有限公司
地　　　址　新北市231新店區北新路三段207-3號5樓
書 店 經 銷　聯寶國際文化事業有限公司
電　　　話　(02)2695-4083
傳　　　真　(02)2695-4087
初 版 一 刷　2023年11月
定　　　價　台幣350元

ISBN　978-626-97945-4-6（精裝）
有著作權‧侵害必究
本書如有缺頁、破損、裝訂錯誤，請寄回本公司更換。

本作品中文繁體版通過成都天鳶文化傳播有限公司代理，經電子工業
出版社有限公司授予漫遊者文化事業股份有限公司獨家出版發行，非
經書面同意，不得以任何形式，任意重制轉載。

國家圖書館出版品預行編目 (CIP) 資料

原來驚奇是這樣：遇上沒想到的事情只能嚇一跳嗎?/ 段
張取藝著. 繪. -- 初版. -- 臺北市：小漫遊文化, 漫遊者文
化事業股份有限公司, 2023.11
　　面；　公分. -- (神奇的情緒工廠；6)
ISBN 978-626-97945-4-6(精裝)
1.CST: 育兒 2.CST: 情緒教育 3.CST: 繪本
428.8　　　　　　　　　　　　　　　112017482

漫遊，一種新的路上觀察學
www.azothbooks.com
漫遊者文化

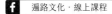

大人的素養課，通往自由學習之路
www.ontheroad.today
遍路文化‧線上課程

天哪！！！

我的零食不見了！

啊！

完全沒想到！

出門突然踩到狗屎！

閃電居然把樹劈開了！

天上同時出現了兩道彩虹！

哇！

竟然有比臉還大的蝴蝶！

剛出生的狗狗好醜啊！

居然有草莓造型的餃子！

石頭縫裡開出了漂亮的小花！

抽中最稀有的隱藏款玩具！

開學後發現班上換了新桌椅！

同學和我穿同一款新鞋！

最調皮的男生上課竟然認真聽講！

作文意外被老師選為優秀作品朗讀！

打破媽媽最心愛的花瓶，卻沒有被罵！

媽媽居然還做了一頓超級豐盛的晚餐！

爸爸小時候竟然也會尿床！

哈哈！

原來有這麼多讓我感到意外的事！

驚奇拉響警報

從遠古時代開始，驚奇就存在於人類的身體裡，專門用來應對突發情況，避開危險！

警覺突發變化

原始時期，生存環境危機四伏，誰也不能提前知道突然發生的變化是好還是壞。而「驚奇」可以讓人集中注意力，對環境的變化保持警惕，以便快速做出反應。

忽然聞到燒焦的氣味……

天空忽然變得黑漆漆的……

草叢裡突然發出異樣的聲響……

大火燒過來時，已經跑遠了。

暴雨落下時，已經趕回山洞了。

如果沒有驚奇，我們的祖先恐怕早就完蛋了！

老虎出現時，已經躲起來了。

跑來跑去的注意力

如果短時間內環境突然發生了多個變化，我們的注意力很容易被打斷，然後轉移到新的變化上。對於人類祖先來說，這種快速轉移的注意力可以讓他們眼觀六路，耳聽八方。

意外召喚出驚奇

比起人類祖先，現代人的生活環境沒有那麼多的危險，因此我們的警覺性就降低了很多。不過當意料之外的事情發生時，驚奇依舊會立刻現身！

沒見過的

第一次見到恐龍化石。

第一次看見捕蠅草。

沒想過的

好好的玩具突然壞掉了。

馬路上突然響起救護車的警笛聲！

屋頂上居然有一隻小貓咪！

和想的不一樣

這麼大的包裝盒裡居然只裝了一個這麼小的杯子。

打出一個雙黃蛋。

身高比我矮的同學居然能跳 2 公尺遠！

得到的比賽名次比預想的低很多。

驚奇總是在我們沒有任何準備的時候跑出來！

緊急暫停的身體

驚奇開始的瞬間，我們的身體就像突然被按下了暫停鍵，「啪——」就定住了！

表情反應
眉毛抬高變彎，眼睛睜大露出更多眼白，嘴巴不自覺的張開。

大腦反應
大腦暫時停止處理其他資訊，將注意力集中到引發驚奇的事物上。

心血管反應
心跳瞬間加速。

呼吸反應
深吸一口氣，迅速補充氧氣，為接下來的行動做準備。

驚奇的大腦通路

驚奇時，我們的大腦開關了兩條通路來處理突發情況。兩條通路同時開啟，先後控制我們做出反應。

看到流星了！

視丘：粗略處理資訊，同時發送給杏仁核和前額葉皮質。

感覺器官：把外界的資訊傳給大腦。

突發狀況！流星出沒！

快速通路

重點是快速，以最快的速度讓身體針對變化做出初步的應對。可以在瞬間完成。

運動器官：開始做出相應反應。

收到！已呆住！

別管別的！先呆住！

杏仁核：啟動驚奇情緒，發出第一個行動指令。

被驚奇啟動的情緒

感到驚奇時，快速通路對所有事情的反應都差不多，而慢速通路上的前額葉皮質會根據分析結果，安排不同的情緒趕來！

驚喜

發現是對我們有好處或我們喜歡的事情時，驚奇會啟動快樂。比如臨時知道明天要去遊樂園！

驚恐

發現是威脅到自身安全的事情時，驚奇會啟動害怕。比如面前出現一隻大蜘蛛！

驚怒

發現是不合理、不符合我們心意的事情時，驚奇會啟動憤怒。比如杯子突然被人摔碎。

驚奇讓這些情緒比平常強烈4倍！

14

驚憂

發現失去重視的物品或不能得到想要的東西時，驚奇會啟動悲傷。比如作業突然掉到水坑裡了……

沒有其他情緒

還有一種可能，是發現這件事情對我們沒有影響，驚奇就不會啟動其他情緒了，而是讓身體繼續做被打斷之前的事。比如一隻蒼蠅突然從眼前飛過。

前額葉皮質有分工

前額葉皮質左右兩側負責安排的情緒不太一樣。左側負責安排會調動身體能量的情緒，如喜悅、憤怒等；右側負責安排令人消極迴避的情緒，如恐懼、悲傷等。

不同程度的驚奇

對事情越意外，驚奇反應就越強烈！

奇怪

事情與預期相差不多時，我們會有點不適應，但幾乎不會停頓。比如桌子上多了個花花綠綠的盒子。

驚訝

事情與預期相差較多時，我們會感到納悶，出現極為短暫的停頓。比如老師突然從直髮變成了捲髮。

驚愕

事情與預期相差很遠時，我們會難以理解，需要時間消化事實。比如很少過問功課的爸爸忽然溫柔的輔導自己寫作業。

震驚

事情與預期完全不同時，我們會難以相信，將花費更多時間接納事實。比如親眼看見馬路塌陷，出現一個又深又大的坑。

最讓人震驚的是，自己很震驚時，旁邊的人卻一點反應都沒有！

驚奇的成長之路

隨著年齡增長，我們會從愛大呼小叫的小孩變成穩重的大人，那是因為驚奇在慢慢變得挑剔，年紀越大，驚奇感越弱。

主動追求驚奇

5 歲左右　對具體的事物感到驚奇，也會開始探索事物背後的規律。這也是我們最愛問「為什麼」的時候。

適應驚奇

6 到 9 個月　開始對物品表現出驚奇的情緒。

2 到 3 歲　對大人的各種行為都會感到驚奇，並且喜歡模仿。

創造驚奇

成年之後　隨著人生經驗累積，驚奇感會減少，這時主要是對意想不到的事件感到驚奇。也有人依然保持對新知識的驚奇，比如科學家們，很多令人驚奇的研究成果都是來自他們。

進入老年　豐富的經歷常常會使年輕人感到驚奇，但自己反而已經很少感到驚奇了。

青少年時期　喜歡追求由新鮮體驗帶來的強烈驚奇感。

世界上永遠都有我們沒見過的東西，不管長多大，我們都可以去尋找「驚奇」。

驚奇與好奇不可分

　　不論我們年紀多大，驚奇都能發展成另一種對我們來說十分重要的情緒——好奇。好奇心是我們探索世界的動力來源，又可以反過來帶給我們驚奇。

驚奇帶來好奇

好奇心不會憑空出現，出現驚奇體驗之後，我們才會知道自己對什麼東西感到好奇。

好奇的查找沒見過的小鳥名字。

居然有長成這樣的鳥！

爸爸竟然在打呼！

好奇人為什麼會打呼。

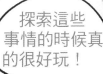

探索這些事情的時候真的很好玩！

好奇天燈能飛上天空的原理。

飛起來了！

好奇心帶來驚奇

好奇心是我們探索未知事物的動力，探索帶給我們驚奇，更帶給我們新體驗、新知識、新經歷，這些不僅能讓我們自己進步，也能讓科技和文明都向前發展。

好奇為什麼鐘錶的指針會轉圈，拆開後驚奇的發現裡面居然有齒輪。

好奇鳳梨從哪裡來，來到果園後驚奇的發現鳳梨竟然長在地上。

好奇星星的樣子，於是用望遠鏡觀察，驚奇的發現星星的運動是有軌跡的。

如果沒有好奇心，我們就會生活在一成不變的世界裡，那樣就太無聊了！

如何保持對世界的驚奇

驚奇激發的好奇心能讓我們始終對這個世界感到新鮮、保持熱愛、帶有探索欲。我們可以創造機會讓驚奇多多出現，這樣它就不會隨著我們的成長而偷偷消失了。

很多意想不到的東西就在我們身邊，只是我們一直都沒有注意到。仔細觀察，就可能會發現讓我們驚奇的東西。

草叢中可能隱藏著沒有見過的昆蟲！

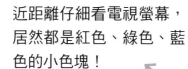

近距離仔細看電視螢幕，居然都是紅色、綠色、藍色的小色塊！

天上的雲彩會變成神奇的形狀！

沙子中可能藏著稀奇
的小石頭！

手電筒的光照在熱水的蒸氣
上，竟然會出現一道光柱！

紫薯煮出來的粥居然
是藍綠色的！

觀察的過程就像
尋寶一樣，充滿了
未知和奇遇！

刺激感官

一成不變的環境會讓人失去新鮮感。每隔一段時間就做出一些改變，可以啟動我們的五感，帶來驚奇和放鬆。

改變房間的布置。

去一個新的地方遊玩。

嚐一嚐新口味的蛋糕。

聽一聽新類型的歌曲。

聞一聞沒見過的花朵
氣味。

摸一摸一直沒注意
過的磚瓦紋理。

不斷變化的
事物好像有無窮
的魅力，常常讓我
們眼前一亮！

豐富認知

身邊的驚奇是有限的,但世界上的新奇事物和奇妙的知識數也數不完。找一找那些我們不知道的、沒有見過的東西,驚奇就會源源不斷的跑出來。

看看紀錄片,了解世界上曾經發生過什麼離奇的事情。

看看新聞,了解外界正在發生哪些神奇的事情。

其實爸爸小時候還趕過豬!

真的嗎?

放假的時候,請爸爸媽媽分享自己的驚奇經歷。

開始一場有趣的閱讀。

第一步：選擇光線合適的地方，搬來舒服的椅子，最好在旁邊放一杯水或飲料。

第二步：選好自己喜歡的書，什麼類型都可以。

第三步：看完之後，跟爸爸媽媽或好朋友分享自己在書裡的驚奇歷險。

驚奇小趣聞

關於驚奇，歷史上有很多小趣聞。

地球繞著太陽轉

哥白尼聽說日晷可以確定時間，便產生了極大的好奇。他自製日晷並反覆實驗，最終發現地球是圍著太陽轉的，他的「日心說」後來成為天文研究的重要基礎。

油燈擺動也有規律

當伽利略好奇的盯著吊在空中晃來晃去的油燈看時，他驚奇的發現油燈每次擺動用的時間都一樣長。這個原理是後來製作精密鐘擺的重要依據。

水汽能把壺蓋頂起來

瓦特小時候驚奇的發現水燒開後，壺蓋總是會被頂起來！以此為靈感，瓦特後來改良出新型蒸汽機，促進了第一次工業革命的爆發，人類社會從此進入工業時代。

看到的顏色竟然不一樣

耶誕節前夕，道爾頓為媽媽買了一雙深藍色的長襪，媽媽卻說襪子是紅色的。道爾頓十分驚奇，四處求證，最終成為發現色盲症的第一人。

發現新的化學元素

巴拉爾在做實驗時，將採集到的黑角菜燒成灰，驚奇的發現這些灰浸泡後能分離出棕黃色的液體。於是，他好奇的開始研究，確認了這是一種全新的化學元素——溴。

沒想到是冰川遺跡

李四光小時候常常好奇家鄉的巨石是從哪來的。長大後，他走遍中國的山川河流，終於發現這些巨石是第四紀冰川遺跡，打破了「中國沒有第四紀冰川」的定論。

奇怪的謎團

在世界各地，流傳著很多到現在都還無法用科學來解釋的事情。

神奇的泉水

傳說在法國勞狄斯小鎮，有一口能治病的泉水。身患癌症的義大利青年維托利奧泡過泉水後，他壞死的腿部組織再生了，身體也奇跡般的好轉了。而泉水是否真的能醫治疾病，至今仍是科學難解的謎團。

奇妙的雨

別的地方下雨是水滴，印度門德拉地區的比焦里村下的卻是珠子。這些珠子五顏六色，還有小孔。當地居民稱之為「所羅門的念珠」。

不可思議的千里眼

在 18 世紀那個沒有網路的年代，瑞典人馬紐埃爾突然說自己在另一個城市的家附近著火了，過了幾個小時，他又說火只燒到他家隔壁。後來人們調查發現，他說的居然都是真的。

罕見的怪症

有的人會像動物一樣冬眠，比如
英國人甘納德。自從他被桅杆打
傷頭部後，每當冬季來臨，他就
會進入冬眠，沉沉睡去。

奇異的引雷體質

美國維吉尼亞州的賴爾・沙利文特別受
雷的「偏愛」他在35年中遭遇過7次雷擊，
但每一次他都幸運的活了下來。

罕見的天才

美國威斯康辛州的萊斯特利原本有些
癡傻，28歲才會說話，但他卻能在一
夜之間熟練的彈奏只聽過一次的鋼琴
曲。後來，他受邀到各地進行演出。

動物們的好奇

動物們也有好奇的情緒，會忍不住探索各自感興趣的東西。

貓好奇會動的物品

貓看見移動的物品會忍不住去追捕，狗尾巴草、毛線球，甚至會動的光點，牠們都能玩很久。

海豚好奇相機

海豚十分貪玩又好奇，跟遊客互動時，牠們會好奇的盯著遊客的相機。

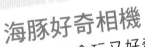

北極熊好奇人類的家

人類的房屋、船隻、汽車等，對北極熊來說都是新奇的物品。如果生活在北極附近，說不定能看見北極熊正好奇的扒著你家窗臺往裡瞧呢！

32

小鹿好奇「危險」

別的動物遇到危險會跑得遠遠的，小鹿也會跑，但是過一會兒就會好奇的回來看看發生了什麼事，因此很容易被人捉住。

美洲獅好奇人類行蹤

美洲獅喜歡尾隨人類，不是為了狩獵，而是為了滿足自己的好奇心。如果人類回頭，美洲獅就會迅速躲起來。

叉角羚好奇手帕

叉角羚跑得極快，獵人通常捉不住牠。不過，只要獵人揮舞手帕，叉角羚就會好奇的過去看一看。

小遊戲

生活中到處都有令人驚奇的有趣事物。比如，這些雲彩是不是很眼熟呢？發揮想像力，把它們畫成你聯想到的樣子吧！

如果現在窗外有雲，可以去探頭看看，或許它們也很像什麼有趣的東西呢！把你看到的雲畫下來吧！

觀察一個你身邊的人，今天穿什麼顏色的衣服，然後把顏色塗在下圖吧！

他的鞋子又是什麼顏色的呢？也塗在下圖上吧！

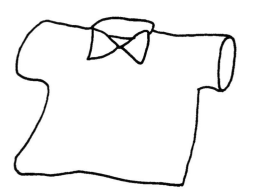

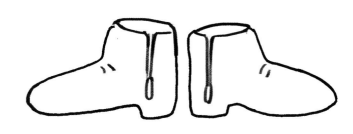

你能在戶外找到下面這些形狀的葉子嗎？找到後把它們貼在這裡，完成我們的探索之旅吧！

【神奇的情緒工廠】（全6冊）

為什麼情緒一上來，身體跟心裡都變得好奇怪？
情緒的十萬個為什麼，讓大腦來告訴你！

★科學角度完整介紹6大基本情緒，兒童成長必備的心理百科
★20個實用情緒管理小技巧×98則中外趣味小故事
★〔套書特別加贈〕：《情緒百寶箱》遊戲小冊，
　涵蓋四大主題的的14個紙上活動，幫助孩子練習辨認與調節情緒

原來生氣是這樣：

生氣到要爆炸怎麼辦？

有好多事情，一想到就氣得不得了！
每個人都有生氣的時候，
甚至可能會抓狂暴怒。
其實，生氣是人類保護自己的本能反應，
不過，如果經常大發脾氣，
對身體、認知和人際關係都會造成傷害，
一起來看看該如何消滅
身體裡的壞脾氣怪獸吧。

原來害怕是這樣：

害怕到發抖該怎麼辦？

有好多東西，一想到就害怕得不得了
害怕是每個人都會有的情緒
每個人害怕的東西都不同，
有時候害怕可以幫助我們遠離危險，
但是如果只會逃避，問題會一直存在，
甚至留下心理陰影！
有一些很棒的方法可以戰勝害怕，
一起來看看吧！

原來快樂是這樣：

不能夠一直開心嗎？

開心的事情真的好多好多，多到數都數不完！
當我們感到快樂的時候，身體會充滿能量，
大腦也會給予「獎勵」，帶給我們快樂的感受。
除此之外，
快樂也是治癒壞情緒的良藥，
一起來學習如何常常保持愉快的心情，
對身體健康及人際關係都很有幫助喔。

原來悲傷是這樣：

想讓難過消失該怎麼辦？

悲傷的時候，世界彷彿都變成了灰色……
悲傷是唯一一種會造成身體能量流失的情緒，
雖然我們無法阻止令人悲傷的事情發生，
但有一些方法可以緩解難過的情緒，
讓我們的心情變得好起來。
難過的時候，
試試看這些「悲傷消失術」吧。

原來討厭是這樣：

遇上討厭的事物只能躲開嗎？

世界上為什麼有那麼多討厭的東西呢
一旦我們碰到自己討厭的東西
不只情緒會產生強烈的抗拒反應
就連身體也會覺得很不舒服。
該怎麼克服討厭的感覺，
是一門需要努力學習的大學問呢！

原來驚奇是這樣：

遇上沒想到的事情只能嚇一跳嗎？

原來世界上有那麼多讓人驚奇不已的事情！
從遠古時代開始，
「驚奇」就存在人類的身體裡，
專門用來應對各種意想不到的突發情況。
當意料之外的事情發生時，
驚奇就會立刻現身！
學習時刻保持對世界的新鮮感，
生活就會處處是驚奇唷！